1 竹の魅力

（1）竹の生態

　竹や笹はタケ類と呼ばれる被子植物であり、日本や中国などの温帯湿潤地帯から熱帯、中南米やアフリカまで広く生息するが、他の植物とは違った特性を持っている。

①地下茎で増殖するイネ科の被子植物として種子で殖えるが、花は60年から120年に一度しかつかず、主として茎（株）で増殖する。

②木でもなく、草でもないタケは中空でまっすぐ上に伸びるが、同類の笹は、草のような性格を持っている。

③竹は、生命力が強く、3ヶ月で1〜2ｍまで育つという驚異的な成長力を持っている。

④竹炭や竹酢液は強い薬効を持っている。消臭、防菌、成長育成成分を持っている。竹は曲がりやすく折れにくいので加工しやすく、古くから人々の生活用品として利用されている。

竹の家紋

JN119553

（2）竹の種類

世界には 1,200 種以上の竹種があると言われているが、日本では数十種類が中心である。

マダケ（真竹）

日本で古くからある竹で幹（みき）の高さは 15m、直径は 10cm、節は 2 軸で利用度が高い。籠、傘の骨、建材の他、タケノコとしても利用される。

モウソウチク（孟宗竹）

江戸時代以降に中国等からの外来種であるが、高さ 20m、直径 15cm、繁殖力が強く用途も広い。現在日本で最も多い竹である。

ハチク（淡竹）

形状は上記と同じだが、輪状は白みを帯びており、寒性や耐性は上記より多少弱い。用途は、垂木や箒等に使われ、タケノコとして

の風味がある。

チシマザサち（千島笹）

　本州の日本海側に大きな群生を持っている
ものが多く、姫竹やネマガリダケと呼ばれ、タ
ケノコは山菜として絶品である。

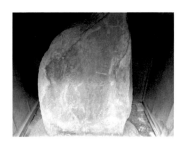

　クマザサ（隈笹）比較的温度の高いとこ
ろで見られ、葉から抽出される液は抗菌力
が強いため医薬品として利用される。響が
ある。

（孟宗筍栽培記念碑）（昭和 55 年 3 月 11 日品川区教育委員会指定。（第 17 号）

この碑は　竹翁　と言われる山路次郎兵衛が亡くなった翌年、1806 年の一周
忌に子息が父の遺骨を埋め、その上に建てた墓碑である。

次郎兵衛は廻船問屋であったが、鹿児島の特産物の孟宗竹を移入し、戸越村や
周辺の村の農民に栽培を奨励し、商品化に成功。

農民に収入の道を開いた功労者。　　　　　　　　　　　　（荒野綾子記）

（3） 竹の歴史

　日本列島にも、縄文時代以前からマダケや笹の種類は自生しており、古くから人々の生活の一部として、利用されてきた。

（縄文時代）

　竹の保存性は良くないので、縄文人がこれをどのように利用してきたかは、確かめられない。

（奈良・平安時代）

　古事記には竹の記録があり、「竹取物語」まであるくらいだから日常的に広く利用されてきたことは間違いない。

　竹は生命力が強く、株で次々と増え、みるみる成長することから、人々に不思議な魅力を引きつけ、竹を文字に加えたものや文化・芸術用品として利用され、神事に欠かせないものであった。

（戦国時代）

　戦国時代には、禅の茶道具としても利用され、日本人の精神的文化の象徴として、深められている。

（江戸時代）

　以降に、外来種としてモウソウチクが入ってきて、現在はそれが主流となっている。

2 今に生きる「竹の文化」

　竹が持つ不思議なほどの生命力と天に向かって真っすぐに伸びる端正な姿は日本人の心情にぴったりだということで、竹は古くから日本人に深く愛されてきた。特に、鎌倉時代の武家社会には弓矢などの武器をはじめ、茶の湯やお花の用具としても竹は欠かせないものとなってきた。

　古今和歌集、万葉集のほか、「竹取物語」「舌切り雀」などにも取り上げられた。

日本人の生活習慣

（行事）・・・・・・・・・門松、七夕

（文学・物語）・・・・・・「古今和歌集」「万葉集」「日本書紀」

　　　　　　　　　　「竹取物語」、「舌切り雀」

（ことわざ）・・・・・・「竹で割ったような性格」「竹馬の友」「破竹のい

　　　　　　　　　　きおい」「木に竹を接ぐ」「竹に油を塗る」

（漢字の部首）・・・・笛、筆、箱、筒、笹、篠、答、琴　、筝　等

（子供の遊び）・・・・・・竹とんぼ、竹馬、水鉄砲、笹船

（1） 身近な日常品

　竹の物理的特徴としては.引っ張りに強く、縦に割れやすい、曲がりやすく、加工しやすい性格を持っているので、日常生活品として利用すると共に、神事にも使われ、伝統的美術工芸品として広く利用されてきた。

竹のかご

区分	主な用途
日常雑貨	カゴ、ザル、串、団扇、扇子、物差し、食器類、竹ぼうき、すだれ、物干し竿、傘、竹光等
建設・建築用品等	外装材、内装材、竹足場、海苔竹、漁礁等
造園用資材	垣根、植木支柱等
伝統工芸品	茶道用具、生け花用具、尺八、笛、弓矢、竹刀、釣り竿等

（林野庁）

（林野庁）

6

（おかもと）

（2）タケノコ料理

　毎年4月頃顔を出すタケノコは日本人にとって馴染み深い山菜である。

　種類としてはモウソウチクはもちろんであるがどちらかというとマダケ,ホテイダケ等の中型のものが風味がある。

　料理としては生、煮物、汁物等幅広いが、鹿児島のように「酒ずし」「竹味噌」「タケノコおでん」等の独特な郷土料理もある。

（保存）

　採取後水にした上、30〜50分茹で水にしたしあくをとり、冷凍保存する。

（農林省）

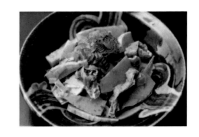

（ネマガリダケ）

　東北地方で馴染みの「ネマガリダケ」（姫ダケ）は今でも人々の愛好するトップクラスの山菜である。

（3） 竹の薬効

　竹にはさまざまな薬効があることは古くから知られていたが、特に解熱や痛み度寝には日常的によく使われてきた。

　江戸時代（1603〜1867）の「古今要覧稿」には、竹林のまわりで育った人は病気にかからず、長生きすると書かれています。
　我が国では、民間薬に竹を使った治療方法が数多く伝わっています。

・竹精の利用
　別名「神水」（五月の菖蒲参考）とも言い、これを直接つけるとシミ、ソバカス、シロナマズ、赤アザに特効があると言われています。

・竹筎と竹葉の利用
　風邪・去痰・喘息・咽頭痛に煎じて服用します。また二日酔・頭痛に煎じた液に卵を加えて服用します。
　去痰・強壮・鎮静に竹瀝を加えて服用します。

・葉の利用
　解熱青汁を服用する他、鎮咳・去痰・咽頭痛に煎じて服用します。

・筍の利用
　顔面が腫れ、尿が白濁したり赤くなったり、便秘で腹の中が熱い時に筍の皮を煎じて服用します。
　筍は、中国二十四孝の一人、孟宗が、病で寝ている母親のために、寒中に筍を探しに行った話は有名ですが、これは、筍に滋養分が多く、食養生には最適で精力のつく食べ物であるからです。

---

(4) 竹資源の有効利用

① 竹炭

　竹を炭にしてエネルギーとして利用するということは古くからおこなわれてきた。また、炭を粉砕して防臭剤とし

り、住宅の床に敷き詰めることによってカビの発生やシロアリの防止に役立てることができる。

（「現代に生かす竹資源」）

② 粉砕して利用

　竹を粉砕して山道などの歩道にしたり、家畜の寝床に利用された。

　また、最近では家畜の飼料として混ぜることによって匂いが抑えられるという研究も報告されている。

（「現代に生かす竹資源」）

③ 竹チップとして利用

　粉砕された竹をチップ化し、保管や輸送が便利となり、家庭用ボイラーて燃料用にも利用されやすくなってきた。

④ 竹パウダーとして利用

　竹の粉砕レベルをもう少しあげて、パウダー状にすることによっ

て、繊維やパルプの材料として利用す

ることができる。現在は器や紙コップ

として実験的に利用されている程度で

あるが、将来には大きな可能性を持っ

ているものである。

（「現代に生かす竹資源」

⑤ 竹セルロースとして利用

　さらに微細化の技術が進みナノテクレベルになると用途は一気に

高まる。研究レベルではすでにその域に達しており、実用化の計画も

進んでいるとの報道もある。

　そうなると、現在、問題となっているプラスチックの代用品として

環境問題に大きな役割を果たすことになるだろう。

3 日本の竹の現状と課題

　世界のタケ類は日本や中国などのアジアからアフリカ・中南米の亜熱帯性の地域にわたって 1400 種類以上あるとされている。

（1） 竹林の面積

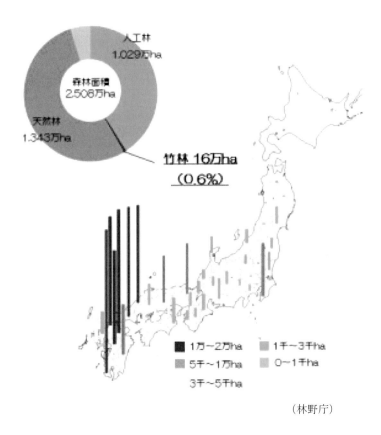

（林野庁）

日本では国土面積 3,780 万 ha のうち、森林面積は 2,508 万 ha であるが、そのうち竹林面積は 16 万 ha（0.6%）となっている。

（2）材木としての竹材の生産量

建築材料や日常生活用
品などに使われた竹材は
プラスチック利用などの
生活様式の変化に伴って
需要量の大幅減に伴い、
生産量が減少した。

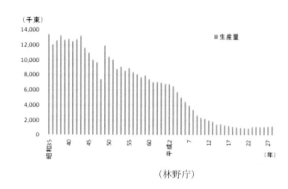

（林野庁）

（3）たけのこの生産量

特用林産物であるタケ
コの需要の減少は、材木ほ
どではないが、こちらは輸
入におされている。

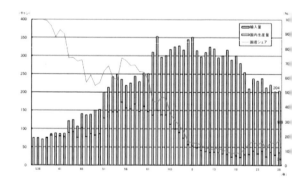

国産の竹産地としては福岡県、鹿児島県、熊本県、等の九州地方のほか、香川県、神奈川県などが目立っている。

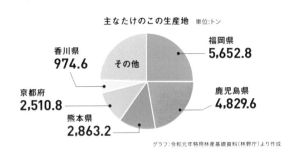

主なたけのこの生産地　単位:トン

香川県 974.6
京都府 2,510.8
熊本県 2,863.2
その他
福岡県 5,652.8
鹿児島県 4,829.6

グラフ:令和元年特用林産基礎資料（林野庁）より作成

（4）作放置竹の拡大

以上のような需給アンバランスの結果、竹所有者の経営が成り立たなくなり放置竹林がめだつようになってきた。

これは里山の風景を汚すだけでなく、ほかの植林の生育を脅かすことにもなるので、今後竹林の整備が大きな課題となってきた。

国や地方自治体は竹林を「里山全体を再生できる竹林」と「竹林に不向きな竹林』のに区分する方針を打ち出した。

（5）竹林整備

その基本方針としては、林野庁で平成 30 年に発表された「竹資源

の利活用に向けての方針」で明かになった。まずは、林業や竹関連産業が産業として成り立つように、基盤整備をすると同時に、「条件不備な地区では竹の伐採や搬出のための補助金を支給する仕組みが行われている。

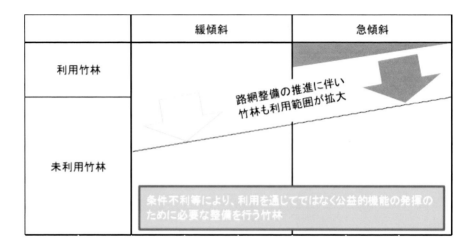

4 竹の文化を守り、育てる

　古くからある日本独特の竹の文化を守り、竹を新たな資源として活用しようとの様々な試みが始まっている。

（1）地域での新しい取り組み

　竹は生命力が強く、急速な成長を遂げるために活発な炭酸同化作用を続けるため、CO_2の吸収が高く、今、問題となっている地球温暖化対策としても大きな期待が寄せられる。

　しかし、ある程度成長するとCO_2吸収力が落ちるため、竹林の管理を良くし、林の新陳代謝を良好にする必要がある。

　そのためには、竹の需要者でもある消費者（市民）に竹のすばらしさや魅力を再認識してもらうことが何より大切である。本書で、竹の生態やその歴史やこれまでの利用実態やその効用などを論ずるのもそういう目的があるからである。おかげで日本各地には竹を愛好家が沢山おられるので、その交流をすすめることも有効だと思われる。

　また、地域おこしの観点から竹林の保護や管理にかかわっている人も多い。これらの人たちは消費者でありながら生産者の立場にも立っているので、**「プロシューマー（生産・消費者）」**として評価できるであろう。以降では、地域において竹文化を守り育てるために活躍している事例を紹介する

（2） 竹を愛好する人々

　竹を愛好し、竹の寺や庭園をしばしば訪れ、四季折々にはタケノコを味わう多くの人々がいる。

（鎌倉・報国寺）

　臨済宗建長寺派の禅寺。本尊は釈迦如来。

1334 年に創建された寺院で、開山は天岸慧広（仏乗禅師）。境内には開基の足利家時(足利尊氏の祖父)と、4代鎌倉公方足利持氏の子で報国寺で自害した足利義久の墓がある。孟宗竹を中心とした竹の庭が整備されており「竹の寺」と呼ばれている。

（鎌倉・浄智寺）

　臨済宗円覚寺派の禅寺で、鎌倉五山の一つである。

創建は 1281 年、五代執権、北条時頼の三男宗政が若くして亡くなったの

を弔って建立された。

　本尊は阿弥陀如来、釈迦如来、弥勒如来の３尊。

（鎌倉山・橎亭）

　筍の利用は、前述の通り滋養強壮に利用される他、生、煮物、汁の実、和え物、筍飯など広く利用されます。また、水煮として保存すると一年中利用する事ができます。

　鎌倉山に５万平方メートルの庭園を持つ蕎麦処である。

　横浜市の豪農屋敷を移転改築した本館は、個室席のある２階から海方向を眺めると、整えられた庭園には梅が咲き、右手方向に山門から八角堂にかけて竹林が続いているのが見える。

（インタビュー）　　蕎麦処「橉亭」岩村もと子さん　（松原尚世筆）

鎌倉市内でも放置竹林のことはあちらこちらで問題となっていて、実際なんとかしようと市民活動も始まる中、竹のことといえばこの人！と紹介を受け、お訪ねすることになりました。
鎌倉山に5万平方メートルの庭園を持つ蕎麦処「橉亭」を経営する岩村もと子さんです。

竹は成長のスピードが早く、管理が大変である上に、これだけの面積を保有しているということで、そのご苦労は容易に想像できます。

岩村さんがそもそも竹について興味を持ったきっかけは何だったのでしょうか。
「母がたけのこを茹でるときにはアク抜きに米糠を使うのよ、と言ったことがきっかけでした。」と岩村さん。
昔は今と違って誰でもお米を十分に食べていたわけではないのに、なぜアク抜きと言えば米糠なのだろうと思ったのだそうです。
そこで米糠以外で使えるものがないか研究をしたところ、たけのこのえぐみは水溶性なので、普通に水や、牛乳でもアク抜きができることがわかったといいます。
そこで現在橉亭では、米糠と同じ ph のそば湯を用いてアク抜きをしているということです。

また、1番気になっていた竹林の管理方法についても伺いました。
「放置竹林は穂先たけのこを取ることで問題解決できます。」と岩村さんはきっぱり。
筆者が住む裏手の山にも放置竹林がありますが、伐採した竹の持って行き場がないため、沢山の竹が腐りもせず、そのまま山に置きっぱなしになっていることをお伝えすると、「橉亭は敷地が広いので伐採した竹の置き場には困らないけれど」と、前置きをしつつ、3m 程に伸びたたけのこの先端のみをカットすれば、食用にしない部分も普通の竹に比べて土に還るのが早いのだそうです。

「地面から出たてのものを収穫するよりも格段に収穫が楽なんです。育った筍はダメとよく言われますよね。でも意外にもえぐみは少なくシャキシャキして美味しいんですよ。」と、岩村さんは言います。
5月になると橉亭では「穂先たけのこそば」や
「穂先たけのこの鎌倉炊き」をメニューとして出しています。
竹林保全に思いを馳せながら是非味わってみては如何でしょうか。

（鎌倉竹部）

　竹を愛好する仲間・グループは全国各地でそれぞれ「独自の活躍をしているが、鎌倉では数年前から**「鎌倉竹部」**が独自の活躍をしている。この組織はもう少し広い範囲で活動している**「森のプラットフォーム」**との連携で竹細工の講習会や森関連のイベントを行い、もりに関連する人づくりを行っている。

　この度、森と竹に関するワークショップに参加してきたので簡単に紹介しておこう。

（インタビュー）　長谷川孝一さん　　　　　　　　　　（鈴木克也記）

（竹にかかわりを持たれるようになられたきっかけは何でしたか）

私は海洋関係の調査の仕事をしてきましたが、そもそも咸鏡問題に関心がありました。たまたま裏山にあった竹が伸び放題になり、その対処に困ったことがきっかけ森を守る活動に参加するようになりました。

（「森のプラッフォーム」の活動のきっかけは何ですか）

鎌倉は伝統的に森を大切にする風土がありますが、森の保全のためには幅広い視野と各種の専門知識・技術が必要なので、そのためのプラッテフォームが必要だと考え、そのための組織をつくり活動しています。

（その中で竹に関する活動としてはどのようなことをお考えですか）

まずは竹細工の講習会をおこないながら、仲間づくりを拡げていきたいと考えています。しかしそれを狭い輪の中で閉じてしまうのではなく、森づくり全体の中で考えていきたい。地域としても、鎌倉だけでなく他の地域との連携も考えてきたい。竹についてもそれを持続可能とするためには、それを産業としてとらえることも必要だと思っています。

（おかもと）

（竹工芸品専門店）

　鎌倉には竹専門店「おかもと」がある。店主の岡本さんは当地で38年近く活動を続ける竹の専門家でもある。

　「古くからある竹の魅力について竹細工を通して地域の皆様にもお伝えしたいと想いで、全国の竹職人とネットワークを組むとともに、自らも竹と風や竹と花などをモチーフとした作品を自由に作っています。しかし、竹も文化を守っていくには様々な能力を持った多くの人々の協力が必要です。特に若い人たちが竹に興味を持ち、竹の職人としての能力を磨いていただきたいものです。」とお話いただいた。

（3）竹による地域おこし

　竹を活用して地域おこしに繋げようという活動は、20年位前から盛んとなってきた。国や地方自治体の支援事業とも関連しているので、全国各地で竹の資源有効活用についての市民活動も盛り上がっている。

　私たちの「山菜王国」でもこの活動に関わっているので、その事例を取り上げたい。

（炭焼事業）

　2005年には、東京八王子で、炭焼三太郎氏を中心とする市民グループは日本エコクラブを立ち上げた。そして八王子の恩方に炭焼窯を設けた。

　そのなかでも、竹の炭が資源として有効に活用できそうだということで竹炭にも力を入れている。

炭焼窯

竹の器から始まる竹林活用術　　　　　　　　炭焼三太郎

　私はこれまで、竹の利用によって日本中に繁殖している竹を消費するために何ができるかを追求してきた。

　私が編著者となり創森社から出版した**「快適エコ住まいの炭のある家」**では、家の床下に竹炭を敷き詰めることにより、大量に繁殖した竹を消費し、減らすことができると書いた。また、図のように竹を利用して江戸時代のみつ豆を復元して喫茶店で利用する方法を提案した。

　更なる竹の消費方法を模索していたときに、朝日新聞の取材があった。

　記者に何か昼食を用意したいと思案していてふと思いついたのが、炭焼人や忍者が食していたという「ずりだしうどん」だ。

　「ずりだしうどん」とは熱い湯で温めたうどんを生醤油と薬味で食べる料理だが、これを竹で作った器や猪口、箸で食べたら面白いと考えた。

　そこで新聞記者に竹の器でうどんを振る舞ったところ大変好評を得た。

　それに気をよくして、竹を切り出し、器を作るところから全て参加者が制作、最後には自作の食器でずりだしうどんを食べるイベントを企画、イベントのおしまいには「ずりだしうどんマイスター」の認定証を授与することにした。

　マイスター第1号には、神奈川県清川村で農業を営む友人、比嘉富夫さんを認定した。

　彼は自身の土地に隣接する竹林を綺麗にできると大変喜び、仲間を農園に呼んでずりだしうどんパーティーを開いているということである。

炭焼仙人三森克人師匠作

竹炭使用のストーブ

（竹炭のある家）

　この地区には地域おこしの拠点とするため「三太郎小屋」をつくったが、そこでは住宅の床下に竹炭を敷き詰め、防虫や防湿をし、快適な住居環境のために活用している。

（三太郎小屋）

（ずりだしうどん）

ずりだしうどんの屋台

（竹炭に乳酸気を加えた土壌改良剤）

宇宙肥料について ホタル太郎

　宇宙堆肥とは… 木の皮枝葉を粉砕したものに、 米ぬかと貝化石とミネラルウォーターを 攪拌して発酵させて堆肥化した特殊肥料です。 宇宙堆肥を作るきっかけとなったのは、 水を浄化して生物の多様性を作りたいと思い、目に見えてそんな雰囲気が伝わるホタルを生息させてみよう…そんな夢のために作りました。 宇宙堆肥と名づけたのは、 宇宙に光る星の数ほど、ホタルが光るような堆肥にしようと思い名付けました。 実際に埼玉県上尾市の丸山公園では、ホタルが生息するには困難と思われる、当時ヘドロが溜まりやアオコが発生するような水辺に、宇宙堆肥を大量に散布することにより、生物の多様性が生まれホタルが生息するようになりました。取り組み始めてから5年過ぎましたが、最初は100匹ぐらいのホタルの生息数が、いまでは1000匹ぐらい生息しています。

　宇宙堆肥は農産物を育てることにも有効に働きます。成分分析を観ると肥料成分は少ないが微生物やミネラルを多量に含んでいるためか、露地栽培において根を長く伸ばしゆっくりと大きく農産物は実っていきます。栄養素を多く含む肥料と併用すると相乗効果で、より農産物は大きくたくさん実ります。

　埼玉県加須市にある株式会社"誠農社"では、2022年から自然薯作りに挑戦するのですが、そこにも宇宙堆肥が使われています。どのような結果になるか楽しみです。

　東京都八王子市上恩方にある、"祈りの山"では、2021年からたくさん植樹が行われています。その際に、"宇宙堆肥"と"竹炭"を併用して植樹を行いました。2022年までに40本以上植樹しましたが、一本も枯れることなく根付き元気に育っていたす。"宇宙堆肥"と"竹炭"を併用することによる相乗効果が目に見えてわかるようでした。

　私が堆肥作りを始めて5年、この堆肥を楽しむために、知的所有権を取得しました。

（山菜ガーデンの活用）

2020年、三太郎小屋に隣接する約1000坪の小山を貸与してもよいとの話があった。これは今後の地域活動の絶好の拠点となるということでこれを整備し。そこにアガタマ、タチバナ、桜等の花の木を植樹し、間には様々な山菜をうえている。コロナが始まったことでもあるのでこの山堂山（祈りの山）と名付け総合的に活用することになった。近くに炭焼窯もあり、竹も含めて、この地区を総合活用することが企画されている。

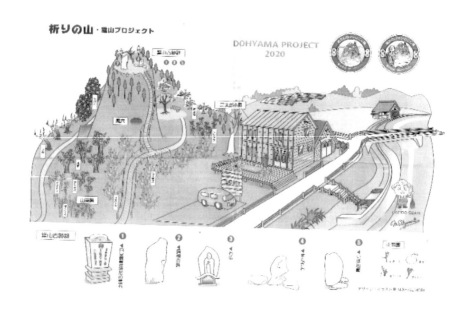

（4） 竹資源の技術開発

　竹を地域資源として利活用しようとの考え方は10数年前から話題になってきたが現実的にはなかなか効果を挙げるほどにはなっていなかった。

　しかし、最近では竹の微細化技術か大きな前進を遂げ、ナノテクノロジーの技術も進んだ。一部の商品は量産化の可能性もみえてきた。プラスチックの使用などの環境規制の中で先進企業の中にはストローや他の包装資材を竹資材に切り替えることを真剣に考えだしているところもある。

　もしこのような流れが本格化すれば電子部品などへの展開も夢ではなくなり、竹産業が 1 兆円産業となることも夢ではなくなるかもしれない。

竹の粉砕技術

脱二酸化炭素

セルロース
3μ
ナノテクノロジー

パルプ
50μ

ストローなど各種
食器

チップ
136μ

紙コップ、

木材

ボイラー燃料

竹炭

脱プラスチック

「美しい地球を美しいままに、未来の子どもたちに残していく」　山菜太郎

　ワタミグループは居酒屋事業・高齢者向け宅配事業、その後のＫＥＩ太というお好み焼き宅配事業を展開していた時から環境問題に大きな関心を持ってきました。
　1999年には環境宣言を皮切りに、ISO14001の取得、社内に環境事業の専門部署を設立、店舗でのゴミ分別の徹底、日本酒ビンリユースシステム、生ごみ処理機導入、リサイクルループによる生ごみ資源化、エネルギーマネジメントシステム導入によるCO_2削減など取り組んでいます。こうした実績が認められ、2010年には環境省から業界一社に与えられるエコファースト企業の認定を受けている。
　また、ワタミグループは、「循環型社会」への貢献を強く意識しており、2002年には、有機農業森林、森の管理・植樹なども全国４か所で行っています。更に、2012年に秋田県にかほ市に風車を建設。その後も、太陽光発電や木質バイオマス発電、ソーラーシェアリングにも取り組みを展開。
　ワタミの最新の環境活動としては、SDGs事業本部を設立し、今まで以上に社内連携して環境問題を含めた社会課題の解決に取り組んでいく方向性が示されている。
　外食店舗では「竹ストロー」「木製カトラリー」、「バイオマス容器の導入」の環境素材の導入や、「ワタミオーガニック」を含めた有機野菜の積極活用、「再生可能エネルギー100％」での運営などが行われている。
　また高齢者宅配事業においては、弁当配達時に使用済み容器を回収し、地域のリサイクラーでケミカルリサイクルし、再び弁当容器の原料にする「プラスチック製容器回収リサイクルループ」を日本で初めて実現。
　更に、2021年には、岩手県陸前高田市にワタミオーガニックランドをオープン。農業、林業、エネルギー、福祉、食、被災地復興など様々な角度から持続可能なまちづくりにチャレンジしています。
　本書のテーマの「竹」については、２０１９年６月に６１店舗でプラスチック製から「竹ストロー」への変更を決めた。今回導入された「竹ストロー」は、間伐材として伐採した天然の竹のみを使用しているため、燃やしてもダイオキシンなどの有害物質が発生せず、３か月〜半年ほどで自然に還る性質を持つ。
　自然分解されない大量のプラスチック製ストローやごみを海の生き物が誤って食べてしまうことでおきている「海洋汚染の問題」や、繁殖力の強い竹が他の樹木を蝕んでいき環境破壊を起こす「残置竹林」の問題を解決していくことが目的とのこと。このような思い、実績を鑑みるに、ワタミグループは、社会課題を「事業を通して解決」し、持続可能な社会を目指すヒントをたくさんもっている存在といえるのではないでしょうか。

5 結びに代えて〜ソーシャル・エコノミー

　以上のように、竹の文化を守り、育てるためには、まずは人々が竹に興味を持ち,その歴史や生態、文化に愛着を持ち,消費者として竹を身近なものとして竹を利用してもらうことが大前提である。それを促進するための生産・加工・流通の体制を充実させる必要である。

　また、竹林を健全に維持▸管理していくには、竹林の保有者である官民を含めた生産者の努力とともに、竹林を守っていこうとする市民の協力が必要である。先述したように全国各地で放置竹林が大きな問題となっている現在では特に竹林伐採のボランティアの活動も重要なものとなっている。先に示した**「プロシューマー（生産・消費者）」**の役割が大きくなっているのである。

　更に、違った側面で重要なのは、竹に関する技術開発とそれを利用した竹資源の有効活用の努力である。最近の技術革新の中で浮かび上がってきたなの竹の**ナノテクノロジー技術**は竹資源有効活用にとってのための新たな可能性をさししめすものである。これらを有効活用できれば竹の将来にとって新たな道が開けるかもしれない。

これらの社会的機能を強調するため本書ではそれを**「ソーシャル・エコノミー」**として概念付けたい。これは今後一層拡大してくる環境問題などの社会的問題を市民を中心とした公共的な活動の下で推進していこうとの考え方である。

竹のソーシャルエコノミー

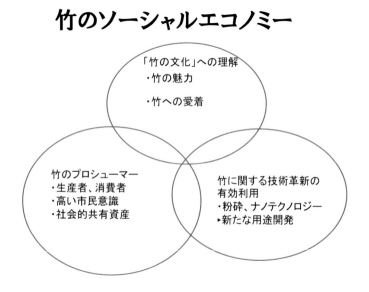

「竹の文化」への理解
・竹の魅力
・竹への愛着

竹のプロシューマー
・生産者、消費者
・高い市民意識
・社会的共有資産

竹に関する技術革新の
有効利用
・粉砕、ナノテクノロジー
・新たな用途開発